自家酿：

粮酒·果酒

甘智荣 主编

U0318498

黑龙江科学技术出版社
HEILONGJIANG SCIENCE AND TECHNOLOGY PRESS

图书在版编目（CIP）数据

自家酿：粮酒·果酒/甘智荣主编. -- 哈尔滨：
黑龙江科学技术出版社，2018.9
ISBN 978-7-5388-9840-8

Ⅰ. ①自… Ⅱ. ①甘… Ⅲ. ①酿酒 - 基本知识 Ⅳ.
①TS261.4

中国版本图书馆CIP数据核字(2018)第185944号

自家酿：粮酒·果酒
ZHIJIA NIANG LIANGJIU GUOJIU

作　　者	甘智荣	
项目总监	薛方闻	
责任编辑	回　博	
策　　划	深圳市金版文化发展股份有限公司	
封面设计	深圳市金版文化发展股份有限公司	
出　　版	黑龙江科学技术出版社	
	地址：哈尔滨市南岗区公安街70-2号　邮编：150007	
	电话：（0451）53642106　传真：（0451）53642143	
	网址：www.1kcbs.cn	
发　　行	全国新华书店	
印　　刷	深圳市雅佳图印刷有限公司	
开　　本	723 mm×1020 mm　1/16	
印　　张	12	
字　　数	180千字	
版　　次	2018年9月第1版	
印　　次	2019年3月第2次印刷	
书　　号	ISBN 978-7-5388-9840-8	
定　　价	39.80元	

Chapter 1

酿，你知多少?

Chapter 2
粮酒，汲取广袤土地的味道

Chapter 3
果酒，紧锁短暂季节的滋味

Chapter 4

鲜花酒·蔬菜酒，
品尝意想不到的味道

Chapter 1
酿，你知多少?

对于酿酒，你知道多少? 无论你是自诩的"酿酒达人"，还是刚把酿酒列为兴趣爱好的新手，都不妨在跟着本书动手前，好好了解这些极其重要的基础知识，活用它们，来提高自己酿酒的能力。

酿酒有三法

说到酿酒，大多数人的第一反应便是传统意义上的"酿造酒"，然而事实上，"酿造酒"仅仅是酿酒的方法之一。依据酿酒的工序划分，其实酿酒可以分为酿造酒、蒸馏酒和再制酒。

酿造酒

将酵母、酒曲或糖发酵完毕，然后通过压榨进行汁渣分离，再经过过滤或澄清处理后得到的酒，就是酿造酒，也被称为发酵原酒和压榨酒。这类酒由于未经过蒸馏，所以酒精浓度一般为 3% ~ 12%，如黄酒、绍兴酒、红曲酒、女儿红、葡萄酒等。这种酿酒方式不需要太多工具设备，一般家庭也能够自行酿造，且原料的营养成分也较容易保存下来，这也是大家在补身子时，总喜爱食用黄酒、甜酒酿的原因。

蒸馏酒

用蒸馏的方法，收集到的从酒精蒸气转化而来的酒液，就是蒸馏酒。它通常是把酿造酒加以蒸馏，从而获得清澈透明的高度酒，其酒精浓度一般较高，可达 35% ~ 60%，如白酒、白兰地、威士忌等。这种酿酒方式的工序较为复杂，在经过基本的酿造过程后，还需经过特制设备的浓缩、分离、萃取，才能获得蒸馏酒。由于这种酒的酒精浓度高，所以它能保存的时间也更长。

再制酒

用酒精浓度较高的酒浸泡药材、食材等而制成的酒，就是再制酒，也被称为"浸泡酒""配制酒""合成酒"。这种酿酒方法的成本比较高，会使用一种或多种高酒精浓度的基酒作为酒引，如药酒、茶酒、利口酒等。虽然成本较高，但再制酒的操作却比其他两种酿酒方法更简单易学。

考虑到一般家庭里设备受限的问题，本书将与大家分享更易上手的酿造酒和再制酒，让你在家就能轻松酿酒。

酿酒七要素

影响酿酒成品的因素有很多,除了显而易见的原料、酒曲、操作外,季节、温度、水质、容器等也会影响出酒率和酒的品质。哪怕是最简单的再制酒,也会无可避免地受原料、基酒等多方面因素影响,从而导致同一配方的成品出现差异。

原料

关于白酒的酿造有这样一个说法,"水为酒之血,曲为酒之骨,酿为酒之肉,艺为酒之髓",可见酿酒原粮与白酒品质的关系。我国白酒的酿造历史悠久,在发现高粱才是酿造我国白酒的最佳原料前,国人尝试过用大米、玉米、荞麦、大麦、小麦乃至红薯等富含淀粉质或糖类的原粮来酿造白酒。原粮不同,其蛋白质和淀粉、纤维素等糖类的含量自然不同,却与发酵过程有着千丝万缕的关系,最终经过长期的实践,发现淀粉含量较高的高粱所酿造出的白酒优于其他原酿的成品。即使同为高粱,用贵州的糯高粱酿造出的白酒也优于北方梗高粱做的白酒。

同样作为酿造酒的葡萄酒中,葡萄也相当重要,行业内更是有着"七分葡萄三分酿造"之说。且不论不同产区的葡萄,就是同一产区的葡萄所酿造出的葡萄酒都大相径庭。因为那一年的天气如何,可以直接影响葡萄的生长和成品质量,这也是1982年的拉菲比其他年份的拉菲更出名的原因之一。

对于酿造酒而言,原料很重要,而它对于再制酒也是同样不可忽视的。无论是基酒的品质,还是浸泡用的食材,都会对再制酒成品的香气和味道有影响。因此想要酿出好酒,必须在原料上下功夫。

酒曲

在酿造酒的酿制过程中，"曲"起着关键性作用，它会直接影响到发酵率、出酒率和酿造成品的风味。酿造时使用的酒曲不多，却不容忽视，哪怕是小小一块质量不佳的酒曲，都可以毁掉一整锅原材料。传统手工酒曲往往是传内不传外的"独门秘籍"，互相之间特性、形状各有不同，酿造出来的酒自然也是风味各异。不过传统手工制作酒曲的条件十分严苛，稍有差错都可能导致制作的失败，因此其高失败率也让传统酒曲在市面上变得难得一见。如今，由实验室培育的单一菌种"糖化菌"所制成的酒曲则更容易被大众购买到。

操作

无论是操作环境，还是操作过程，都要保持干净整洁，否则会影响酒的发酵品质。原料的清洗、工具的杀菌处理、容器的消毒等每一个环节都应注意避免杂菌的感染，以确保良好的发酵环境。酒曲本就是菌种所制成的，如果稍不留心混入杂菌，酿造成品的风味必然会大打折扣。制作再制酒时，把原材料处理干净，也是这个道理。

季节

这里所说的季节，是针对在自然环境下酿造的大多数酒而言。所谓"季节"对酿酒有影响，其实是"气候温度"对酿酒有影响。有恒温设备的专业酿酒坊自然一年四季都可以酿酒，而普通家庭则要好好注意气候温度了。当气候温度偏高时，酿酒成品味道会偏酸，影响成品风味；而气候温度偏凉时，酿出来的成品味道则偏甜。初次尝试做酿造酒的新手，宜选择气候温度偏凉时制作，如此更容易成功酿制出好酒。

温度

曲菌要顺利发酵培育成功，需要恰当的温度。在制作米酒时，常常会听到这句话，"等到饭摊凉后才可以撒酒曲布菌"。然而很多不了解的人对"摊凉"的把握并不对，这里指的不仅仅是不能太热，同时也是不能太冷。但大多数人都只知道温度不能过高，却忽略了温度不够也同样不利于曲菌活动，这样的结果往往是酒曲菌力道不足，初期阶段无法与杂菌的生长力抗衡，从而影响了酒曲的风味和糖化能力，最终影响了成品的品质。最适宜酵母菌活动的温度约为30℃。在恰当的环境里，曲菌很容易便能发酵培育成功，即可抑制杂菌的生长。而制作果酒时，考虑到酒精发酵的过程，一般宜把温度控制在 18 ~ 25℃。

水质

酒谚有云："水乃酒之魂，好水酿好酒。"有好酒之地往往都有名水相伴，可见水对于酿酒而言的重要性。在家酿酒，自然难有名水相辅，但好的水质依然很重要。如果水里稍有杂质，就会影响发酵的作用，因此每一个用到水的过程都应该注意水质问题。例如制作米酒时，洗米与泡米的水宜使用过滤水；淋水摊凉时，宜使用烧开摊凉的过滤水。

容器

无论是酿酒，还是储酒，都需要长时间浸在容器里。如果容器的材质没选对，就很容易在酿制或储存过程中，使容器材料与酒精发生化学反应，从而影响了成品质量。专业的酒坊里一般以陶瓷瓦罐作为酿酒、储酒的容器，但这在一般家庭都是无法实现的。所以，普通家庭以玻璃容器为宜。

酿酒的工具准备

　　酿酒所需的工具细究起来有很多，专业级别的器具如测量糖度的糖度测光仪、蒸饭用的蒸饭器等。对于普通家庭而言，只要把必备的工具准备好，也就足够了。

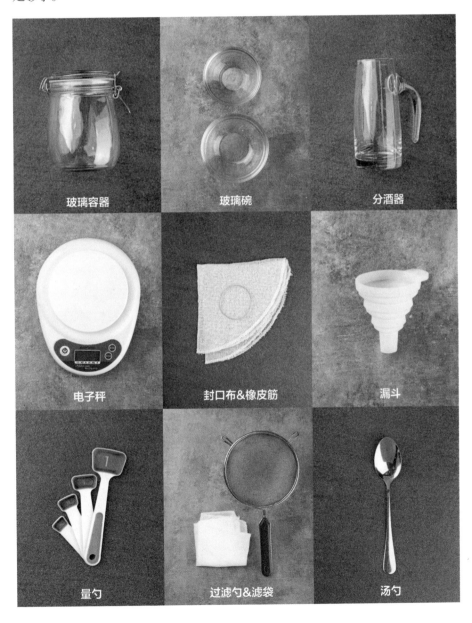

玻璃容器　　　　　玻璃碗　　　　　分酒器

电子秤　　　封口布&橡皮筋　　　漏斗

量勺　　　过滤勺&滤袋　　　汤勺

水的选择

俗话说"好酒必有佳泉",水是酿酒的关键。在所有的酿造酒中,水分含量均高达 80% 以上,一杯啤酒中甚至含有 95% 的水分,可见水的重要性。

酿酒需选用好水的原因

不同的酿酒微生物喜欢的酸碱度各异,因此水的不同酸碱度会导致代谢产物的不同,这就有可能形成不同品质的酒。

水所携带的组分也是影响酿酒微生物作用的重要因素。水带有各种盐类,这些盐类在水中解离为各种离子,有些离子有利于酿酒微生物的生长,有些离子则有利于"杂菌"的生长,从而使酒的品质不一。水和水携带的组分除了通过作用于微生物来影响酒的品质,也可以直接通过和原料中的组分相互作用、和微生物代谢组分相互作用,来影响酒的形成。水所带的组分还可以直接成为酒的一部分,和酒融为一体。也就是说,酒的部分"口感",实际上就是酒中的水的口感,因此好水的口感自然更佳。

严选水的硬度

一般在酿酒中用的水可分三类:工艺用水(生产过程用水)、冷凝用水(蒸馏过程用水)、加浆勾调用水(调酒精浓度用水)。

在酿酒过程中的每一阶段,对水的不同成分都有严格的要求,大致有固形物、微生物、有害气体、盐类、水的硬度等要求与处理。

水的硬度是衡量水质好坏的重要化学指标,例如,清爽型的啤酒需要使用软性水制造,而浓厚型的啤酒则要使用较高硬度的水。这是因为水除了直接影响酵母菌的生长与酵素的反应之外,水中的矿物质也会改变酒的风味。蒸馏酒由于需经过蒸馏的加工程序,因此对酿造用水要求没有那么严格,但调和用的水则要求很严。

家庭酿酒的用水条件与上述一般酿酒用水相同,只是家庭酿酒用水量较少,不太需要花费大钱去改善水质。有的家庭酿酒者为了追求好的口感,会专门购买泡茶用的泉水或者瓶装矿泉水。

酿酒的原料

酿酒的原料有很多，全世界各地都有，种类繁多，但这并不意味着任何原料都可以用来酿酒，必须保证酿出的酒是安全的，并且口味能够让人接受。例如，在过熟的腐败水果、糠麸、土豆以及野生植物中，果胶含量都较多，若用以酿酒会生成甲醇，如不能有效降低甲醇含量，则不适于饮用。另外，我国北方少数民族会酿造奶酒，味道微酿而略有膻气，南方人很可能喝不习惯。一般而言，可以将酿酒的原料分为以下几个类别：

淀粉质原料

此类原料主要为谷物类，例如高粱、玉米、红薯、大米、麸皮、小米、红藜等。由于谷物中富含酿酒微生物发酵所需的淀粉，因此是最适宜用来酿酒的原料，只需要经过蒸煮，再加上酒曲，即可进行发酵而生成酒。

含糖质原料

此类原料属于酿酒的补充原料，如蜂蜜、砂糖、甜菜、糖渣等，用以补充主要原料中糖分的不足，为微生物的发酵提供足够的条件。

纤维原料

此类原料需先经过特殊的化学处理，使原料中的纤维质转化成糖质之后，才能应用于酿酒。这种操作费用大，产量小，不是理想原料，如稻草、木屑、棉籽壳等，用这类原料制成的酒多用在工业上，不可作为饮用酒。

香辛原料

如啤酒花，它具有特殊的芳香与苦味，是形成啤酒风味的重要成分。另外，很多"洋酒"也会使用香辛原料，如杜松子是酿造金酒（Gin）的主要原料，因此金酒又叫杜松子酒。

酿酒容器的灭菌准备

不是所有材质的容器都能用来存放酿酒的，对于普通家庭而言，玻璃瓶是最为触手可及的适用容器。无论是酿造酒，还是浸泡酒，都需要长时间地储在容器里制作，而浸泡在酒精中或其他腌渍调料中的食物，会产生一种酸性的物质，可与其他非玻璃材质的容器发生化学反应。这样不仅会导致腌渍的食物变质，更可能会分解出有毒物质，可见，使用玻璃容器酿酒更为安全。此外，使用玻璃广口瓶更有利于我们观察食材浸泡腌渍的状态，便于相应地对浸泡腌渍时间做出细微调整。

如果有条件，可以准备灭菌专用的玻璃广口瓶，而且玻璃广口瓶还可重复使用，也是热爱酿酒的你的一笔可观投资。建议购买玻璃瓶时，选择具有金属螺旋的瓶盖，或是橡胶圈瓶盖，且容积不超过 1 升的玻璃广口瓶。因为不超过 1 升的玻璃广口瓶灭菌更均匀。

水浴煮沸法

利用高温水煮的方式，将不形成内孢子的细菌消灭。常用于玻璃发酵罐的灭菌。将发酵罐放入水中煮沸 5~10 分钟，足以杀死不会形成内孢子的微生物。

干热灭菌法

◎火焰灭菌法：直接在火焰上加热灭菌。一般用于接种钩、接种针、接种环等器具的灭菌，直接放在火焰上灼烧即可。

◎浸酒精燃烧灭菌法：以酒精浸渍后燃烧灭菌。一般使用于剪刀及布菌、搅拌用的玻璃棒等。将器具先浸在 75% 的酒精中，再放在火焰上灼烧。

◎烤箱灭菌法：适用于干燥及耐热的器皿，如三角玻璃烧瓶、玻璃发酵罐等玻璃器皿。将器皿洗净并晾干水分，放入不锈钢筒中，再放入烤箱中，当烤箱温度达到 180℃时起算，2 小时以上才能完全灭菌。

紫外线灭菌法

大多数细菌经紫外线照射可杀灭。可用市售之紫外线杀菌灯来灭菌，又因为日光中含紫外线，因此日光也可杀灭透明酒液中的菌体。

化学试剂灭菌法

化学试剂可使微生物细胞蛋白质变性，但须避免使用有腐蚀性或毒性的化学试剂，常用的化学试剂有酒精、升汞水、甲醛液、逆性肥皂液、清洁剂及漂白水等。

食用酒精消毒法

超过500毫升的玻璃瓶体型太大，无法使用高压锅灭菌，如常用于泡酒的1～3升的玻璃瓶，则可以选择使用食用酒精消毒法。

步骤 1 用清水将玻璃瓶及盖子冲洗干净。

步骤 2 用干净的毛巾或厨房纸巾把玻璃瓶内部擦干。

步骤 3 把食用酒精喷向玻璃瓶内壁、底部、盖子及瓶身。

步骤 4 用干净的毛巾或厨房纸巾把玻璃瓶内部的酒精擦干，再擦拭瓶身。

如果家里没有食用酒精，还可以使用腌泡用的高酒精度蒸馏酒对玻璃广口瓶进行杀菌消毒：只需往清水洗净后擦干的玻璃瓶中倒入1/4的蒸馏酒，用蒸馏酒冲洗瓶内部后，倒出酒精擦干即可。不过使用高酒精度蒸馏酒来灭菌消毒的成本确实偏高，如果家里时常使用玻璃瓶泡酒或制作果酱等，不妨买上一瓶食用酒精备在家中。

基酒的选择

酿造酒中，水的选择会影响成品的风味；而在再制酒中，基酒也同样如此。可用作基酒的高度酒有很多，有的基酒无色无味，有的则香味浓烈，不同的基酒制作出的再制酒也各有风味。在了解了几种常见的基酒后，我们便能根据自己的喜好，制作自己喜爱的再制酒。

米酒 以米类为原料，经过发酵、蒸馏后得到的蒸馏酒，酒精度在 20 ~ 60 度。

高粱酒 以高粱为主原料，经糖化、发酵、蒸馏、成熟、调和而制成的蒸馏酒，酒精度在 20 度以上。

白酒 中国白酒以粮谷为主要原料，经蒸煮、糖化、发酵、蒸馏而制成的蒸馏酒，又称烧酒、老白干等，与白兰地、威士忌、伏特加、朗姆酒、金酒并称世界六大蒸馏酒。日本的清酒也是白酒的一种。无色无味的白酒尤其适合用于制作再制酒。

白兰地 将白葡萄酒等酿造酒蒸馏，并放在酒桶中发酵之后得到的酒，其特征是具有浓烈的香气。

威士忌 将麦子等谷物与麦芽一起发酵、蒸馏、成熟之后得到的酒，香型和味道多种多样。

伏特加 俄罗斯特产的以黑麦和玉米为原料的蒸馏酒。由于没有经过酒桶发酵的工序，所以酒精度很高，口感纯净。

朗姆酒 以甘蔗糖浆和鲜榨的甘蔗汁为原料的蒸馏酒。有深色和无色两种类型，适合用于制作再制酒的是无色的白朗姆酒。

金酒 以大麦、黑麦、土豆等为原料的蒸馏酒，由于加入了杜松子调味，因而具有独特的香味。

再制酒的基酒使用原则：

如果用于浸泡干燥花叶、茶叶，则使用 20 度的基酒即可。

如果用于浸泡鲜花、新鲜香草、新摘茶叶等，则需使用 30 ~ 40 度的基酒。

如果用于浸泡块状蔬果如苹果、杨桃等，或一些根茎部位的中药材如牛蒡等，则需使用 40 度的基酒。

自家酿酒如何保存

酒的保存一般以陶瓷瓦缸为佳，玻璃容器次之。如果临时装瓶，还可以使用塑料瓶，但必须在短时间内饮用完或转移到安全容器保存。否则酒精长时间浸泡塑料，会与其发生化学反应，不仅酒的风味会受影响，还可能产生有害的化学物质。

如果要使用金属容器保存酒，则一定不要用不锈钢以外的金属器皿，因为酒中含有的有机酸会对金属产生腐蚀作用，导致酒中的金属含量增加，不利于人体健康。即使是使用不锈钢容器保存酒，也最好使用耐酸碱材质的不锈钢容器。

除了挑选合适的储存容器外，还应该挑选合适的存放地点。要避开易燃易爆物品和光线，放在阴凉处。无论使用哪种容器，都应注意先对容器进行消毒处理再使用，且注意把容器内的水汽擦拭干。注意，如果选择的是酒精度数低的基酒酿制的再制酒，则需放入冰箱冷藏保存。

自己酿的酒不同于外面买的酒，既不像专业酿造的可存放许久，也没有明确的保质期限，因此学会识别酒是否变质就变得尤为重要了。一般在良好情况下酿制和保存的自酿酒，可以保存 1～3 年，但实际可存放多久是不确切的。

如何判断自酿酒是否变质了？一般检查酒是否变坏了，可以先从酒液判断，不确定的情况下再根据味道判断。观察酒液时，如果发现酒液高度浑浊，表示酒已经被杂菌污染，不可再喝。如果酒液液面出现薄膜，同样表示酒已被其他菌种污染，已发生变质。如果这两点都没有观察出来，可以取少许酒液尝试，看味道是否变酸或变苦了。

酒的健康喝法

酒会伤身，也能养生。如何把握这个度，畅享美酒又不伤身体呢？留心记住这些喝酒的注意事项，养成健康喝酒的好习惯。

●不要空腹喝酒

空腹喝酒时，由于人的肠胃没有食物，酒精会更容易被人体吸收，让人更容易喝醉。尤其是应酬一族，喝酒前一定要吃些食物垫着胃肠，这样不仅能降低酒精对胃肠的伤害，还能让你酒量"大增"。

●不要多种酒混着喝

多种酒混着喝会让人更容易喝醉。除此之外，不同酒之间含有的成分会有所区别，当中有些成分并不适宜混在一起。

●不要用药酒配餐

药酒中含有的中草药成分可能会与食物中的成分发生作用，有可能削弱药酒的效用，还可能会对身体产生伤害。因此不可把药酒当作配餐饮料饮用。

●把酒温热后再喝

把酒温热后，酒中含有的一些低沸点的醛便会挥发。此外，冬天喝温热的酒比常温的更能暖和身体。像葡萄酒、黄酒、清酒等，都可以隔水浸热后饮用。

●酒后切勿立刻洗澡

洗澡时，人体内的葡萄糖消耗会增加，而酒精会抑制肝脏正常活动，阻碍糖原的释放，导致血糖无法及时补充，因此酒后立刻洗澡容易导致头晕眼花，严重时更可能导致低血糖昏迷。同理，酒后也不宜立即泡温泉，以免意外发生。

●喝酒适度，点到即止

有的人喝酒喜欢秉持"不醉不归"的念头，但到头来，不仅伤害了自己的身体，往往还让自己遭受呕吐、宿醉等难受的醉酒反应。而喝酒适度，才能更好地享受喝酒的快乐。在自己不过度饮酒的同时，也不可勉强他人饮酒，强人所难，置对方的健康于不顾也是不可的。

Chapter 2

粮酒，
汲取广袤土地的味道

自从发现高粱才是酿造白酒的最佳原料后，其他粮食都鲜少被用于酿酒了，用其他粮食酿酒只偶尔见于有着历史传承的手工作坊里。现在就来返璞归真，重新体验不同粮食的酿造酒带来的别样感受吧！

甜酒酿

🥣 **原料**（成品分量：500毫升）

圆糯米500克，甜酒曲6克

🕐 准备时间：40分钟

🫙 酿制时间：3~7天

🍷 赏味期限：约12个月

🍶 做法

1. 将圆糯米淘洗干净，用电饭煲煮熟。

2. 将煮好的糯米饭用筷子打散。

3. 糯米饭的温度在大约40℃时，淋上一些冷开水，增加饭粒的湿度。

4. 用筷子拌开湿饭粒，以便水分分布均匀。

5. 米饭温度到 30~35℃时，将甜酒曲撒在米饭上，用筷子拌匀。

6. 准备一个 2000 毫升的容器，将拌好的糯米饭倒入容器中。

7. 在酒糟中间挖一个小洞，以便酒曲生长。

8. 将容器口上的米粒收拾干净。

9. 取一块棉布，用酒精消毒。

10. 将消毒过的棉布封住容器口，再用橡皮筋箍住。

11. 将容器处于30℃的环境下，夏天3~5天即成，冬天5~7天即成。

佳酿技巧

1. 给糯米饭增加湿度时，500克的米大约需要125毫升的冷开水。

2. 容器在用之前一定要消毒干净，以免残留的细菌影响酒酵母生长。

3. 若在冬天酒糟温度不够30℃时，可以用毛巾将容器层层包住，给酒糟加温。

4. 在发酵时，用棉布箍住容器口即可，发酵需要氧气，这样可以使酒糟内的氧气流通。

5. 发酵好后，也可以用盖子密封住容器。

与平常甜酒酿一样的做法，加入紫糯米后，成为焕发着漂亮颜色的紫米甜酒酿。

紫米甜酒酿
Fermented Black Rice

🥣 **原料**（成品分量：600毫升）

紫糯米300克，圆糯米300克，

甜酒曲6克

🕐 准备时间：40分钟

🫕 酿制时间：3~7天

🍷 赏味期限：约12个月

🍚 做法

1. 将紫糯米与圆糯米混匀，淘洗干净，用电饭煲煮熟。
2. 将煮好的糯米饭用筷子打散。

3. 糯米饭的温度在大约40℃时，淋上一些冷开水，以增加饭粒的湿度。

4. 用筷子拌开湿饭粒，以便水分分布均匀。

5. 米饭温度到30~35℃时，将甜酒曲撒在米饭上，用筷子拌匀。
6. 准备一个2000毫升的容器，将拌好的糯米饭倒入容器中。

7. 在酒糟中间挖一个小洞,以便酒曲生长。

8. 将容器口上的米粒收拾干净。

9. 取一块棉布,用酒精消毒。

10. 将消毒过的棉布封住容器口,再用橡皮筋箍住。

11. 将容器处于30℃的环境下,夏天3~5天即成,冬天5~7天即成。

🥫佳酿技巧

1.全部用紫糯米为原料,酿出来的酒风味和甜度反而不如用原料为一半紫糯米、一半圆糯米的酒。

2.给糯米饭增加湿度时,600克的米大约需要150毫升的冷开水。

3.容器在用之前一定要消毒干净,以免残留的细菌影响酒酵母生长。

4.若在冬天酒糟温度不够30℃时,可以用毛巾将容器层层包住,给酒糟加温。

5.在发酵时,用棉布箍住容器口即可,发酵需要氧气,这样可以使酒糟内的氧气流通。

6.发酵好后,也可以用盖子密封住容器。

用粳米酿制的米酒，虽然不如糯米酒的风味好，但却是市面上最常见的物美价廉的粮食酒。

米酒
Rice Wine

🥣 **原料**（成品分量：600毫升）

粳米600克，甜酒曲6克

🕐 准备时间：40分钟

💧 酿制时间：10～15天

🍷 赏味期限：约12个月

🍲 做法

1. 将粳米淘洗干净，倒入电饭煲
   煮熟。
2. 将煮好的米饭用筷子打散。

3. 米饭的温度在大约 40℃时，
   淋上一些冷开水，以增加饭粒
   的湿度。

4. 用筷子拌开湿饭粒，以便水分
   分布均匀。

5. 米饭温度到 30℃时，将甜酒
   曲撒在米饭上，用筷子拌匀。
6. 准备一个 2000 毫升的容器，
   将拌好的粳米饭倒入容器中。
7. 在酒糟中间挖一个小洞，以便
   酒曲生长。
8. 将容器口上的米粒收拾干净。

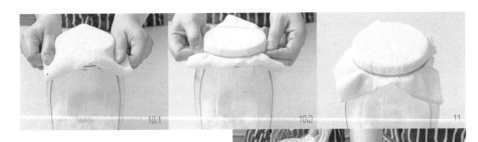

9. 取一块棉布，用酒精消毒。

10. 将消毒过的棉布封住容器口，再用橡皮筋箍住。

11. 将容器处于 25~30℃的环境下保存。

12. 在 72 小时后，加入 300 毫升的水，隔 8 小时后再加 300 毫升的水，再隔 8 小时加 300 毫升的水，搅动酒糟混匀，重新封住容器口。

13. 静置在阴凉处发酵，发酵时间夏天为 7~9 天，冬天为 9~15 天，即可打开饮用。

佳酿技巧

1. 容器在用之前一定要消毒干净，以免残留的细菌影响酒酵母生长。

2. 给米饭增加湿度时，600 克的米大约需要 150 毫升的冷开水。

3. 在发酵时，用棉布箍住容器口即可，发酵需要氧气，这样可以使酒糟内的氧气流通。

4. 给酒糟加水时，一共要加 3 次，总共的水量是生米量的 1.5 倍。

5. 若在冬天酒糟温度不够 30℃时，可以用毛巾将容器层层包住，给酒糟加温。

米酒偏酸、糯米酒偏甜，虽然淡米酒也是以糯米为原料，但比起二者却更为清淡一些。

淡米酒
Bland Rice Wine

原料（成品分量：400毫升）

糯米200克，甜酒曲3克，干酵母1.5克，纯净水400毫升

准备时间： 20分钟

酿制时间： 1天

赏味期限： 约4天

做法

1. 糯米先浸泡 1 个小时，再按照糯米和水 1:1 的比例，把米饭用电饭锅煮熟。
2. 糯米饭煮好后，加入纯净水，把糯米饭兑成糯米粥。
3. 待糯米粥摊凉至 30℃ 左右，加入甜酒曲拌匀。
4. 盖上保鲜膜，再盖上盖子，室温放置 12 小时左右。
5. 加入少许酵母，拌匀后盖上保鲜膜和盖子，静置 12 小时。
6. 用纱布过滤出淡米酒，装入密封瓶，放入冰箱保存即可。

佳酿技巧

放入酵母的发酵时间至少为12小时，如果无法确定发酵时间是否足够，可以凭糯米粥的状态来判断。如果12小时后，发现糯米上浮，液面出现了气泡，且能闻到明显的酒味时表示发酵已完成。

小米酒

🥣 **原料**（成品分量：900毫升）

糯小米600克，甜酒曲6克

🕐 准备时间：40分钟

🫗 酿制时间：5～10天

🍷 赏味期限：约12个月

做法

1. 将糯小米淘洗干净，用电饭煲煮熟。

2. 将煮好的糯米饭用筷子打散。

3. 米饭温度到30~35℃时，将甜酒曲撒在米饭上，用筷子拌匀。

4. 准备一个2000毫升的容器，将拌好的糯米饭倒入容器中。

5. 在酒糟中间挖一个小洞，以便酒曲生长。

6. 将容器口上的米粒收拾干净。

7. 盖上容器盖，密封好。

8. 将容器处于 25~30℃ 的环境下保存。

9. 在第 2~3 天时加入原料量 0.5 倍的冷开水，在第 5~7 天时，里面不断析出液体，即可饮用。

🥂佳酿技巧

1.容器在用之前一定要消毒干净，以免残留的细菌影响酒酵母生长。

2.若在冬天酒糟温度不够30℃，可以用毛巾将容器层层包住，给酒糟加温。

3.在发酵时，用棉布箍住容器口即可，发酵需要氧气，这样可以使酒糟内的氧气流通。

4.夏天需要酿制5~7天，冬天则需要7~10天。

5.发酵得越久，出现的酒液就会越多，也会逐渐变得澄清，酒精度会提高。

6.发酵好后，也可以用盖子密封住容器。

拥有着几千年酿造历史的糯米酒是最传统的粮食酒，糯米酒也可以作为其他花果酒的基酒。

糯米酒
Glutinous Rice Wine

🥣 **原料**（成品分量：900毫升）

圆糯米600克，甜酒曲6克

⏲ 准备时间：40分钟

🍶 酿制时间：7~15天

🍷 赏味期限：约12个月

🍲 做法

1. 将圆糯米淘洗干净，用电饭煲煮熟。

2. 将煮好的糯米饭用筷子打散。

3. 糯米饭温度到 30~35℃ 时，将甜酒曲撒在米饭上，用筷子拌匀。

4. 准备一个 2000 毫升的容器，将拌好的糯米饭倒入容器中。

5. 在酒糟中间挖一个小洞，以便酒曲生长。

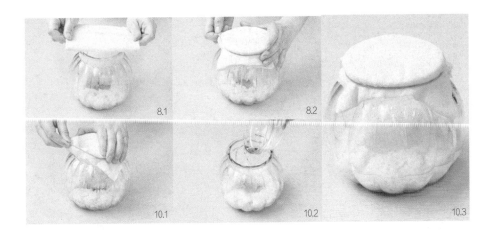

6. 将容器口上的米粒收拾干净。

7. 取一块棉布，用酒精消毒。

8. 将消毒过的棉布封住容器口，再用橡皮筋箍住。

9. 将容器处于 25~30℃ 的环境下保存。

10. 在第 2~3 天时加入原料量 0.5 倍的冷开水，在第 5~7 天时，里面不断析出液体，即可饮用。

🍶佳酿技巧

1.容器在用之前一定要消毒干净，以免残留的细菌影响酒酵母生长。

2.若在冬天酒糟温度不够30℃时，可以用毛巾将容器层层包住，给酒糟加温。

3.在发酵时，用棉布箍住容器口即可，发酵需要氧气，这样可以使酒糟内的氧气流通。

4.夏天需要酿制7～10天，冬天则需要10～15天。

5.发酵得越久，出现的酒液就会越多，也会逐渐变得澄清，酒精度会提高。

6.发酵好后，也可以用盖子密封住容器。

麦子酒
Wheat Wine

原料（成品分量：400毫升）

小麦200克，甜酒曲2克，纯净水150毫升

准备时间：30分钟

酿制时间：2天

赏味期限：约7天

做法

1. 麦子提前用水浸泡24小时，直至麦粒吸饱水鼓起来。

2. 搓洗一下，防止有的麦粒脱皮不彻底，然后沥干水分。

3. 蒸锅加水，麦子放盘子里，或垫蒸笼布，水开后小火蒸30分钟后取出摊凉。

4. 称取酒曲，在干净的容器里用纯净水化开。

5. 往摊凉的麦子中加入甜酒曲，拌匀，压平整，中间挖孔，蒙保鲜膜密封。如果用玻璃容器就不用挖孔，可以直接观察到。

6. 根据室温的情况，放在温暖处发酵36~48小时。

7. 待发酵完成后，放入易保存的容器内，移入冰箱保存。

佳酿技巧

1. 冬天室温偏低，制作麦子酒时，可包上毛巾或毯子保暖，并适当延长发酵时间。

2. 使用方便观察的玻璃瓶酿制时可以不挖小孔。

3. 判断是否发酵成熟可观察出酒量和闻酒香。如果麦子中间的小坑里出酒，或者出酒量达到麦子高度的1/2以上时，表示发酵成熟。打开盖子时，可闻到酒香也表示发酵基本成熟。

Chapter 3
果酒，
紧锁短暂季节的滋味

纵使我国地大物博，水果繁多，也缓解不了最想吃的水果不当季的那一刻忧伤。何不用酒留住当季新鲜水果的滋味，用"醉人"的方式尽享不同季节的滋味呢？

酸甜可口的草莓泡出粉色的酒，这让少女心爆发的外貌，总能让人忘记它是乱人心神的酒。

草莓酒
Strawberry Wine

🥢 **原料**（成品分量：500毫升）

草莓500克，柠檬半个，冰糖50克，白酒500毫升

⏲ 准备时间：8分钟

🏺 酿制时间：2个月

🍷 赏味期限：约12个月

📋 **做法**

1. 将草莓洗净后擦干，去蒂。
2. 将柠檬洗净后擦干，切成圆片。
3. 准备一个1500毫升的密闭瓶，放入草莓、柠檬和冰糖，倒入白酒。
4. 将瓶子加盖密封后放在阴凉处保存。
5. 2个月后捞出草莓和柠檬片，即可饮用果酒。

🏺酿制技巧

1. 可以用朗姆酒代替白酒。
2. 在酿制1~2个月时开封饮用，味道较好。

树莓酒
Raspberry Wine

原料（成品分量：600毫升）

树莓200克，冰糖100克，白酒600
毫升

准备时间：10分钟

酿制时间：2个月

赏味期限：约12个月

做法

1.树莓洗净后轻轻地擦干，注意不要把树莓压坏。

2.准备一个1000毫升的密闭瓶，放入树莓和冰糖，倒入白酒。

3.将瓶子加盖密封后放在阴凉处保存。

4.1个月后捞出树莓，2个月后即可饮用果酒。

酿制技巧

1.将树莓酒兑水或者苏打水喝更显清爽，适合炎热的夏季。

2.美丽的颜色使其成为调制鸡尾酒的好选择。

富含的花青素让蓝莓酒具有强抗氧化力，颜色如红酒般好看，是每天都想喝的果酒。

🫙 蓝莓酒
Blueberry Wine

🥣 **原料**（成品分量：500毫升）

蓝莓300克，冰糖50克，白酒500毫升，柠檬1片

🕐 准备时间：4分钟

🍶 酿制时间：2个月

🍷 赏味期限：约12个月

🍶 **做法**

1. 将蓝莓洗净后擦干。
2. 准备一个1000毫升的密闭瓶，放入蓝莓、柠檬和冰糖，倒入白酒。
3. 将瓶子加盖密封后放在阴凉处保存。
4. 2个月后打开盖子，漏网勺过滤掉蓝莓粒，即可饮用果酒。

🫙 **酿制技巧**

1.蓝莓酒的浸泡时间需要精确把握，时间把握不同则味道不同，浸泡时间过长则会导致酒味变淡。

2.蓝莓酒稍微有一些酸味，加牛奶一起喝的话味道会很醇和。

蔓越莓酒
Cranberry Wine

🥣 **原料**（成品分量：600毫升）

蔓越莓200克，冰糖100克，白酒600毫升

🕐 准备时间：10分钟

🍋 酿制时间：2个月

🍷 赏味期限：约12个月

🍳 **做法**

1. 蔓越莓洗净后擦干。
2. 准备一个1000毫升的密闭瓶，放入蔓越莓和冰糖，倒入白酒。
3. 将瓶子加盖密封后放在阴凉处保存。
4. 2个月后捞出蔓越莓，即可饮用果酒。

🫙 **酿制技巧**

1.用伏特加浸泡蔓越莓，会使酒更有烈性；白朗姆酒浸泡则更显甜美口感。

2.除了直接喝、兑清水喝以外，还可以兑牛奶喝。

3.这款酒还可以用来制作蛋糕的沙司。

混合莓果酒
Mixed Berry Wine

🥣 **原料**（成品分量：350毫升）

草莓、蓝莓、树莓共100克，冰糖50克，伏特加350毫升

🕐 准备时间：15分钟

🕐 酿制时间：2个月

🍷 赏味期限：约12个月

🥄 **做法**

1. 将草莓、蓝莓、树莓洗净后轻轻地擦干。
2. 准备一个1000毫升的密闭瓶，放入这三种莓果和冰糖，倒入伏特加。
3. 将瓶子加盖密封后放在阴凉处保存。
4. 1个月后捞出莓果，2个月后即可饮用果酒。

📖 **酿制技巧**

1.浸泡的酒用白酒也可以，用白朗姆酒浸泡莓果也很好喝。

2.加冰块或者兑苏打水，或者加一些取出来的莓果让其漂浮在酒中一起喝都可以。

3.一般情况下是用草莓、蓝莓、树莓三种莓果。除此之外，如果能买到醋栗或者黑加仑等莓果的话，推荐组合试试看。

2.1

2.2

 桑葚酒
Mulberry Wine

🥣 **原料**（成品分量：600毫升）

新鲜桑葚100克，40度米酒600毫升

⏱ 准备时间：6分钟

🫗 酿制时间：3个月

🍷 赏味期限：约12个月

🍳 **做法**

1. 将桑葚去蒂，洗净后擦干。

2. 准备一个1000毫升的密闭瓶，放入桑葚，倒入米酒。

3. 将瓶子加盖密封后放在阴凉处保存。

4. 3个月后捞出桑葚，即可饮用果酒。

🫙 **酿制技巧**

1.浸泡的酒液一定要用40度的酒。

2.桑葚酒浸泡3个月以上味道更好，颜色也会更鲜艳。

火龙果酒
Pitaya Liquor

🥣 原料（成品分量：400毫升）

火龙果400克，冰糖160克，米酒400毫升

🕐 准备时间：**8分钟**

🍶 酿制时间：**3个月**

🥂 赏味期限：**约12个月**

🍶 做法

1. 将火龙果去皮后切成小块。
2. 准备一个1000毫升的密闭瓶，以一层火龙果一层冰糖的方式放入密封瓶中，再倒入米酒。
3. 将瓶子加盖密封后放在阴凉处保存。
4. 3个月后捞出火龙果，即可饮用。

🧃 酿制技巧

火龙果本身果香味不足，所以酒的味道会比较重，建议稀释后加果汁饮用。

甜味和酸味恰到好处的金黄色猕猴桃，酿制成酒后味道清爽，喝一口满满都是维生素C。

猕猴桃酒
Kiwi Liquor

🥣 **原料**（成品分量：500毫升）

猕猴桃200克，冰糖50克，白酒
500毫升

⏰ 准备时间：6分钟

🍈 酿制时间：2个月

🍷 赏味期限：约12个月

🍶 **做法**

1. 将猕猴桃洗净后擦干，去皮，纵向切成四等份。

2. 准备一个1000毫升的密闭瓶，放入猕猴桃和冰糖，
   倒入白酒。

3. 将瓶子加盖密封后放在阴凉处保存。

4. 2个月后用漏网勺过滤出渣滓，即可饮用果酒。

🍶 **酿制技巧**

可加入少许多香果来增加酒
香。多香果又叫牙买加胡
椒，是桃金娘科的常绿树。
其果实散发出类似肉桂、肉
豆蔻和丁香三者融合的香
气，因此而得名多香果。

百香果经过浸泡酸味很快便能融进酒里，酸甜的味道，能使人重拾食欲。

百香果酒
Passiflora Fruit Wine

🥣 **原料**（成品分量：500毫升）

百香果肉300克，冰糖200克，白酒500毫升

🍶 **做法**

1. 百香果对半切开，挖出果肉，备用。
2. 准备一个 1000 毫升的密闭瓶，放入百香果肉、冰糖，倒入白酒。
3. 将瓶子加盖密封，放在干燥阴凉处保存。
4. 静置 3 个月后即可饮用。

🕐 准备时间：8分钟

🍶 酿制时间：3个月

🍷 赏味期限：约12个月

📋 **酿制技巧**

如果对酸味情有独钟，还可以再放入几片柠檬以丰富其味道。

成熟无花果独特的香气在酒中越发浓厚，呈现淡粉色的无花果酒还能抗炎消肿。

无花果酒
Fig Liquor

🥣 **原料**（成品分量：400毫升）

无花果200克，冰糖100克，白
酒400毫升

🕙 准备时间：10分钟

🍋 酿制时间：2个月

🍷 赏味期限：约12个月

🍲 **做法**

1. 将无花果仔细洗净后擦干，切成两半。
2. 准备一个 1000 毫升的密闭瓶，放入无花果和冰糖，倒入
   白酒。
3. 将瓶子加盖密封后放在阴凉处保存。
4. 2个月后捞出无花果，即可饮用果酒。

🫙 **酿制技巧**

1.为了享受酒的香味，简单地
兑水，加冰块，或者直接喝
就好。

2.可以根据个人喜好加蜂蜜，
也可以用来调制鸡尾酒。

拥有美丽的淡红色色调和高雅香气的
石榴酒是一款适合女性的果酒。

石榴酒
Pomegranate Wine

🥣 **原料**（成品分量：600毫升）

石榴300克，冰糖60克，白酒600毫升

⏲ 准备时间：10分钟

⏲ 酿制时间：2个月

🍷 赏味期限：约12个月

📋 **做法**

1. 将石榴快速冲洗一下用手掰开，把果粒掰下来放入碗中，用叉子轻轻压碎以便果汁流出。

2. 准备一个1500毫升的密闭瓶，放入石榴果粒和冰糖，倒入白酒。

3. 将瓶子加盖密封后放在阴凉处保存。

4. 2个月后用细眼漏网勺过滤出石榴果粒，即可饮用果酒。

🏺 **酿制技巧**

1.放在酒中浸泡过的石榴果粒用木铲压碎过滤即可。

2.还可以加一些桂花，这样会使酒的香味更佳。

不妨用鸡尾酒杯装入浅黄色的阳桃酒，放一片五角星形的阳桃片，自斟自饮，自得其乐。

 阳桃酒

Carambola Wine

🥘 **原料**（成品分量：500毫升）

阳桃200克，冰糖100克，40度
米酒500毫升

🕐 **准备时间：**6分钟

🕐 **酿制时间：**2个月

🍷 **赏味期限：**约12个月

🍲 **做法**

1. 将阳桃洗净后擦干，去蒂，再切成片。

2. 准备一个1000毫升的密闭瓶，放入阳桃片和冰糖，倒入
   米酒。

3. 将瓶子加盖密封后放在阴凉处保存。

4. 2个月后打开，过滤出阳桃渣滓，即可饮用。

🫙 **酿制技巧**

可以根据个人喜好加蜂蜜。

自己酿造的葡萄酒，有更突出的酸甜味，喝葡萄酒的好处数不胜数。

葡萄酒
Grape Wine

🥘 **原料**（成品分量：2000毫升）

葡萄2000克，白糖400克

⏱ **准备时间**：15分钟

🍈 **酿制时间**：14天

🍷 **赏味期限**：约12个月

📋 **做法**

1. 将葡萄去掉果蒂，洗净后擦干。

2. 用手将葡萄粒稍微捏一下使其出现破口，注意不要将果皮和果肉分离。

3. 准备一个2500毫升的密闭瓶，放入葡萄粒和白糖。

4. 将瓶子加盖密封后放在阴凉处保存。

5. 3~5天开始发酵，产生气泡，瓶底出现液体，葡萄上浮。

6. 14天后，发酵结束，用细眼漏网勺过滤出葡萄渣滓。

7. 将过滤后的酒液放入密封瓶中保存。

🏺 **酿制技巧**

1. 注意在葡萄酒的酿造过程中，不要将水分带入密闭瓶中。

2. 如果葡萄酒发酵过程中长了白膜，就是已经被醋酸菌污染，不能饮用了。

番石榴的味道相比于其他水果并不突出，但无论是微酸还是微甜，浸泡出来的酒却让人感觉很清新。

番石榴酒
Guava Liquor

🥣 **原料**（成品分量：500毫升）

番石榴500克，柠檬1个，冰糖
125克，米酒500毫升

⏲ 准备时间：8分钟

🫗 酿制时间：3个月

🍷 赏味期限：约12个月

🍲 **做法**

1. 将番石榴洗净后擦干，切去蒂头及尾端，整个切成半月牙片状。
2. 将柠檬洗净后擦干，切成圆片。
3. 准备一个1500毫升的密闭瓶，放入番石榴、柠檬和冰糖，倒入米酒。
4. 将瓶子加盖密封后放在阴凉处保存。
5. 3个月后开封，即可饮用果酒。

🍶 **酿制技巧**

最好在酿制3~6个月时，开封饮用。

正如平常吃肉时喜爱搭配上菠萝块解腻，菠萝酒也有同样的功效，是配餐解腻的好选择。

菠萝酒
Pineapple Wine

🥘 原料（成品分量：500毫升）

菠萝1/2个，冰糖125克，米酒500毫升

🕐 准备时间：8分钟

🕐 酿制时间：4个月

🍸 赏味期限：约12个月

📋 做法

1. 将菠萝洗净后擦干，切去头尾，去掉外皮，直切成四等份，去掉心，再横切成厚片。

2. 准备一个 1500 毫升的密闭瓶，放入菠萝和冰糖，倒入米酒。

3. 将瓶子加盖密封后放在阴凉处保存。

4. 4 个月后开封，即可饮用果酒。

🍶酿制技巧

1.酿制时一定要去除菠萝心，否则酿好的酒液中会带有苦涩味和酸味。

2.选择底部是金黄色、尾部是浅绿色的菠萝较好。

酸酸甜甜的冰镇柑橘酒，绝对是炎炎
夏日里的小清新之选。

柑橘酒
Citrus Liquor

🥣 **原料**（成品分量：500毫升）

柑橘500克，冰糖150克，米酒500
毫升

⏲ 准备时间：6分钟

🍶 酿制时间：2个月

🥂 赏味期限：约12个月

🍎 **做法**

1. 将柑橘洗净去皮，掰成小瓣备用。

2. 准备一个1000毫升的密闭瓶，放入柑橘和冰糖，倒入米酒。

3. 将瓶子加盖密封后放在阴凉处保存。

4. 3个月后开封，即可饮用果酒。

🥫 **酿制技巧**

1.密封保存6个月后再开封饮用，
味道会更香醇。

2.夏天品尝冰镇过的柑橘酒会有更
佳的体验。

酸橘酒
Lime Liquor

原料（成品分量：500毫升）

酸橘200克，冰糖60克，白酒500毫升

做法

1. 将酸橘洗净后擦干，去蒂，横向切成五等份。
2. 准备一个1000毫升的密闭瓶，放入酸橘和冰糖，倒入白酒。
3. 将瓶子加盖密封后放在阴凉处保存。
4. 2个月后用漏网勺过滤出酸橘，即可饮用果酒。

准备时间：6分钟

酿制时间：2个月

赏味期限：约12个月

酿制技巧

1.酸橘的皮很薄，适合带皮浸泡。

2.酸橘酒在成熟之后酸味会减弱，味道会变得醇和。

3.就这样喝也很好喝，喜甜的人可以加一点蜂蜜。

青柑比一般的柑橘更酸，加上柠檬的酸味，绝对能成为喜酸一族的心头好。

青柑酒
Tangerine Wine

🍵 **原料**（成品分量：600毫升）

青柑300克，冰糖60克，白酒600
毫升，青柠2片，黑胡椒粒5颗

⏰ 准备时间：10分钟

🥝 酿制时间：2个月

🍷 赏味期限：约12个月

🍲 **做法**

1. 锅中烧开水，把青柑整个放入锅中，用长筷子翻转几次，
   煮2～3分钟之后取出放入冷水中。
2. 用刀切掉果蒂，将青柑带皮纵向切成4瓣，备用。
3. 准备一个1500毫升的密闭瓶，放入青柑、冰糖、青柠和
   黑胡椒粒，倒入白酒。
4. 将瓶子加盖密封后放在阴凉处保存。
5. 2个月后用漏网勺过滤出渣滓，即可饮用果酒。

🫙 **酿制技巧**

与青柠一起浸泡，会增加其
香气。

甜橙酒
Orange Liquor

🥣 **原料**（成品分量：500毫升）

橙子250克，冰糖100克，白兰地利口酒500毫升

⏱ 准备时间：8分钟

🍊 酿制时间：2个月又7天

🥂 赏味期限：约12个月

🍲 **做法**

1. 锅中烧开水，把橙子整个放入锅中，用长筷子翻转几次，煮2~3分钟之后取出放入冷水中。
2. 将橙子皮削成螺旋状，去掉果肉周围的白色部分，将果肉切成4毫米厚的圈。
3. 准备一个1500毫升的密闭瓶，放入冰糖、橙皮和果肉，倒入白兰地利口酒。
4. 将瓶子加盖密封后放在阴凉处保存。
5. 7天后捞出橙皮，再静置约2个月。
6. 用漏网勺过滤出渣滓，即可饮用。

🥫 **酿制技巧**

在削橙皮时，注意要去掉皮内侧的白色部分，以免影响酒的口感。

红酒中带有肉桂、橙子、柠檬的香气，味道也会比原来的更为丰富。

🫙 肉桂橙子酒
Cinnamon Orange Wine

🥣 **原料**（成品分量：600毫升）

橙子2个，柠檬1个，红酒600毫升，肉桂棒1根

🕐 准备时间：6分钟

🫙 酿制时间：10天

🍷 赏味期限：约12个月

🍲 **做法**

1. 锅中烧开水，把橙子整个放入锅中，用长筷子翻转几次，煮 2~3 分钟之后取出放入冷水中。
2. 将橙子和洗净擦干的柠檬切成 1~2 厘米厚的圆片。
3. 准备一个 1000 毫升的密闭瓶，放入橙子、柠檬、肉桂棒，倒入红酒。
4. 将瓶子加盖密封后放在阴凉处保存。
5. 10 天后过滤出酒液，即可饮用。

🫙 **酿制技巧**

柠檬皮和橙子皮会给酒带来些许苦味，如果偏好甜酒，可以加入些许精制白砂糖调味，也可切除果皮，只放入果肉进行酿制。

具有意大利风情的柠檬酒，是当地人必不可少的餐后酒，自制一杯，感受异国风味。

柠檬酒
Lemon Liquor

原料（成品分量：500毫升）

柠檬2个，伏特加500毫升，砂糖200克，肉桂棒2个，香草荚1个，丁香4颗，黑胡椒粒8颗

准备时间：20分钟

酿制时间：21天

赏味期限：约12个月

做法

1. 将柠檬清洗干净，擦干，削一层薄薄的皮下来。

2. 准备一个1000毫升的密闭瓶，放入柠檬皮、肉桂棒、香草荚、丁香、黑胡椒粒，倒入伏特加。

3. 将瓶子加盖密封后放在阴凉处保存，7天之后打开盖子，捞出柠檬皮。

4. 锅中加水和砂糖煮沸，待砂糖溶化冷却后倒入瓶子中，密封好，常温下静置14天。

5. 打开容器，将酒倒入杯中饮用。

酿制技巧

1. 选用的伏特加酒精度数在50度以上最好。

2. 在削柠檬皮时，尽量削得薄一点，避免削掉带有苦味的白色部分。

富含酸酸甜甜的口感和满满维生素 C 的葡萄柚酒是一款能美容养颜的果酒。

葡萄柚酒
Grapefruit Wine

🥣 **原料**（成品分量：500毫升）

葡萄柚500克，冰糖200克，白酒500毫升

⏱ 准备时间：8分钟

🍋 酿制时间：7天

🍷 赏味期限：约12个月

📋 **做法**

1. 将葡萄柚洗净后擦干，然后去皮，将柚子皮和果肉撕成大块备用。
2. 准备一个1500毫升的密闭瓶，放入柚子皮、果肉和冰糖，倒入白酒。
3. 将瓶子加盖密封后放在阴凉处保存。
4. 7天后即可饮用果酒。

🏺 **酿制技巧**

葡萄柚皮和葡萄柚果肉一起浸泡，会使酒在富含甜味之余，增加淡淡的苦涩感。

肉桂苹果红酒
Cinnamon Apple Wine

原料（成品分量：500毫升）

苹果300克，红酒500毫升，肉桂棒2个

准备时间：8分钟

酿制时间：10天

赏味期限：约6个月

做法

1. 将苹果洗净，擦干，切成1厘米的圆片。
2. 准备一个1000毫升的密闭瓶，放入苹果片和肉桂棒，倒入红酒。
3. 将瓶子加盖密封后放在阴凉处保存。
4. 10天后用漏网勺过滤出渣滓，即可饮用果酒。

酿制技巧

苹果容易氧化，需要足够的酒液覆盖才能防治其过快氧化，因此实际所用红酒量应结合所用容器而有所增加。

温和的酸甜味和似有若无的迷迭香的香气交相辉映，是一款可以提升元气的果子酒。

苹果酒
Apple Wine

原料（成品分量：600毫升）

苹果300克，冰糖60克，白酒600毫升，迷迭香1根

准备时间：8分钟

酿制时间：2个月

赏味期限：约12个月

做法

1. 将苹果洗净后擦干，去蒂，切成1厘米厚的片。
2. 准备一个10000毫升的密闭瓶，放入苹果片和冰糖，倒入白酒，放入迷迭香。
3. 将瓶子加盖密封后放在阴凉处保存。
4. 2个月后打开盖子，用漏网勺过滤出渣滓，即可饮用果酒。

酿制技巧

1.也可以用青苹果来浸泡，因为与红苹果相比，青苹果的特征是果酸含量高，而且具有醇厚的芳香。

2.只要是香味容易转移到酒中的新鲜的苹果，不管是红的还是青的都可以。

香蕉的甜味和咖啡豆的独特风味完美融合，醇香与果味的结合使这款酒风味无限。

香蕉咖啡酒
Banana Coffee Wine

🥣 **原料**（成品分量：600毫升）

香蕉300克，冰糖120克，白酒600毫升，轻度烘焙的咖啡豆30克

⏲ 准备时间：**4分钟**

🍶 酿制时间：**2个月**

🍷 赏味期限：**约12个月**

🍯 **做法**

1. 将香蕉去皮，切成 2~3 厘米长的段。

2. 准备一个 1000 毫升的密闭瓶，放入香蕉、咖啡豆和冰糖，倒入白酒。

3. 将瓶子加盖密封后放在阴凉处保存。

4. 2个月后用细眼漏网勺过滤掉渣滓，即可饮用果酒。

📋 **酿制技巧**

若选用重度烘焙的咖啡豆会有油脂出来，因此要使用轻度烘焙的咖啡豆。

梨子酒
Pear Liquor

🥣 **原料**（成品分量：500毫升）

梨子300克，冰糖60克，白酒500毫升，肉桂棒2根

◎ 准备时间：6分钟

🍶 酿制时间：2个月

🍷 赏味期限：约12个月

📋 **做法**

1. 将梨子洗净后擦干，去皮去蒂，切成1厘米厚的圈。
2. 准备一个1000毫升的密闭瓶，放入梨子、冰糖和肉桂棒，倒入白酒。
3. 将瓶子加盖密封后放在阴凉处保存。
4. 2个月后用漏网勺过滤出梨子，即可饮用果酒。

📖 **酿制技巧**

利用肉桂棒来丰富梨子的香气，会更加好喝。

 洋梨酒
European Pear Wine

🥣 **原料**（成品分量：500毫升）

洋梨250克，冰糖50克，白酒500毫升

⏲ 准备时间：6分钟

🫙 酿制时间：2个月

🍷 赏味期限：约12个月

🍶 **做法**

1. 将洋梨洗净后擦干，去皮去蒂，纵向切成6~8等份，去掉中间的心。

2. 准备一个1000毫升的密闭瓶，放入洋梨和冰糖，倒入白酒。

3. 将瓶子加盖密封后放在阴凉处保存。

4. 2个月后用漏网勺过滤出洋梨，即可饮用果酒。

🫙 **酿制技巧**

在酿制时要去掉洋梨的心，中间的心带有酸苦味。

2个月后倒出果酒喝的时候，不妨用上牙签，穿起两颗灯笼果放入酒杯中，好吃之余还是点缀果酒之选。

灯笼果酒
Cape Gooseberry Wine

🥘 **原料**（成品分量：300毫升）
灯笼果150克，冰糖30克，白酒
300毫升

◎ 准备时间：8分钟

⏱ 酿制时间：2个月

🍷 赏味期限：约12个月

📋 **做法**

1 将灯笼果去外皮，洗净，擦干备用。

2 准备一个500毫升的密闭瓶，放入灯笼果和冰糖，倒入白酒。

3 将瓶子加盖密封后放在阴凉处保存。

4 2个月后用漏网勺过滤出灯笼果，即可饮用果酒。

🥫 **酿制技巧**

挑选较熟的灯笼果来浸酒会比
较香甜。

1.1

1.2

🫙 圣女果酒
Cherry Tomato Wine

🥣 **原料**（成品分量：500毫升）

圣女果500克，冰糖100克，米酒500毫升

🕐 **准备时间**：6分钟

🕐 **酿制时间**：3个月

🍷 **赏味期限**：约12个月

🍳 **做法**

1. 将圣女果去蒂，洗净后擦干，用小刀在每个圣女果上轻划2~4刀。

2. 准备一个1500毫升的密闭瓶，放入圣女果和冰糖，倒入米酒。

3. 将瓶子加盖密封后放在阴凉处保存。

4. 3个月后开封，用细眼漏网勺过滤出渣滓，即可饮用果酒。

🫙 **酿制技巧**

最好在酿制3~6个月时，开封饮用。

香气和味道都很舒心的梅酒，加上冰块后便有了清凉的口感，让炎热的夏季变得凉爽。

 西梅酒
Prune Liquor

🥣 **原料**（成品分量：300毫升）

西梅150克，冰糖60克，白酒
300毫升

🕐 准备时间：15分钟

⏳ 酿制时间：12个月

🍷 赏味期限：约12个月

🥄 **做法**

1. 将西梅洗净后擦干，去掉果柄。

2. 准备一个500毫升的密闭瓶，放入西梅和冰糖，倒入白酒。

3. 将瓶子加盖密封后放在阴凉处保存。

4. 12个月后捞出梅子，即可饮用果酒。

🫙酿制技巧

捞出来的梅子可以放在冰箱
中保存一年。喝梅子酒的时
候可以取出来放在酒中，也
可以用来做果酱。

青梅的酸味加上黑糖的甜味，碰撞出口感独特的黑糖梅酒，品尝一口就会上瘾。

🫙 黑糖梅酒
Brown Sugar Green Plum Wine

🥣 **原料**（成品分量：600毫升）

青梅350克，黑糖60克，白酒600毫升

🍶 **做法**

1. 将青梅洗净后擦干，用竹签去掉果柄。
2. 准备一个 1500 毫升的密闭瓶，放入青梅和黑糖，倒入白酒。
3. 将瓶子加盖密封后放在阴凉处保存。
4. 3 个月后捞出青梅，即可饮用果酒。

🕐 准备时间：15分钟

🥚 酿制时间：3个月

🍷 赏味期限：约12个月

🫙 **酿制技巧**

1. 该酒在酿制3个月后就可以喝，但要想追求更好的口感，也可以6个月后再喝。

2. 喝黑糖梅酒时可以加适量冰块，能提高酒的酸甜口感。

完全成熟的黄色梅子，不仅颜色好看，还有浓郁的甜味和香气，和蜂蜜搭配使这款酒更增甜蜜味道。

梅子蜂蜜酒
Honey Plum Wine

🥣 **原料**（成品分量：300毫升）

完全成熟的梅子150克，蜂蜜40克，白酒300毫升

⏱ 准备时间：15分钟

🫙 酿制时间：3个月

🍷 赏味期限：约12个月

📖 **做法**

1. 将梅子洗净后擦干，用竹签去掉果柄。

2. 准备一个500毫升的密闭瓶，放入梅子和蜂蜜，倒入白酒。

3. 将瓶子加盖密封后放在阴凉处保存。

4. 3个月后捞出梅子，即可饮用果酒。

🫙 **酿制技巧**

1. 该酒在酿制3个月后就可以喝，但要想追求更好的口感，也可以6个月后再喝。

2. 喝梅子蜂蜜酒时最好不要加任何东西，直接喝更美味。

3. 浸泡的酒也可以用威士忌、白兰地或者白朗姆酒，各种不同的酒泡出来口感也会不一样。

2.1

2.2

红宝石般的色泽给人一种华丽感，浅尝一口，又酸又甜的味道就在口中溢散开来。

李子酒
Plum Wine

原料（成品分量：500毫升）

李子300克，冰糖60克，白酒500毫升

做法

1. 将李子洗净后擦干，用刀将李子从中切开，取出种子备用。
2. 准备一个1000毫升的密闭瓶，放入李子、种子和冰糖，倒入白酒。
3. 将瓶子加盖密封后放在阴凉处保存。
4. 2个月后用漏网勺过滤出李子和种子，即可饮用果酒。

准备时间：6分钟

酿制时间：2个月

赏味期限：约12个月

酿制技巧

李子酒带有酸味，喜欢甜味的可以在喝的时候加一些蜂蜜。

青李的酸味加上黑糖的甜味，碰撞出口感独特的黑糖梅酒，品尝一口就会上瘾。

青李酒
Green Plum Wine

🥣 **原料**（成品分量：1000毫升）

青李200克，黑糖70克，白酒500毫升

⏲ 准备时间：8分钟

🫙 酿制时间：2个月

🍷 赏味期限：约12个月

🍶 **做法**

1. 将青李洗净后擦干，备用。

2. 准备一个1000毫升的密闭瓶，放入青李、黑糖，倒入白酒。

3. 将瓶子加盖密封后放在阴凉处保存。

4. 2个月后用漏网勺过滤出青李，即可饮用果酒。

🫙 **酿制技巧**

还可以把青李的果肉和果核分离后，再一起放入酒中浸泡，可增加酒的香味。

杏子酒
Apricot Wine

🥣 **原料**（成品分量：1000毫升）

杏子1000克，冰糖200克，白酒1000毫升，肉桂棒2根

🕐 准备时间：6分钟

🍶 酿制时间：2个月

🍷 赏味期限：约12个月

🍲 **做法**

1. 将杏子洗净后擦干水汽，去皮，用刀切成两半，取出种子备用。

2. 准备一个2000毫升的密闭瓶，放入杏子、种子和冰糖，倒入白酒。

3. 将瓶子加盖密封后放在阴凉处保存。

4. 2个月后用漏网勺过滤出杏子和种子，即可饮用果酒。

🥫 **酿制技巧**

1. 把种子中的白色部分取出来一起浸泡的话，可以享受杏仁的风味。

2. 夏季可以加冰块和兑苏打水喝，冬季可以加热喝。

清香的水蜜桃、酸味的柠檬，与白酒相融，可酿制出清甜可口的桃子酒。

🫙 桃子酒
Peach Wine

🥣 **原料**（成品分量：1000毫升）

桃子500克，冰糖100克，白酒1000毫
升，柠檬2~3片

⏲ **准备时间**：4分钟

🫙 **酿制时间**：2个月

🍷 **赏味期限**：约12个月

🍲 **做法**

1. 将桃子洗净后擦干，带皮切成4~6
   等份，取出桃核。
2. 准备一个2000毫升的密闭瓶，放入
   桃子、柠檬和冰糖，倒入白酒。
3. 将瓶子加盖密封后放在阴凉处保存。
4. 2个月后捞出桃子，即可饮用果酒。

🫙 **酿制技巧**

1.桃子连皮一起浸泡更容易摄取到
多酚，连种子一起浸泡的话香味会
更浓。

2.柠檬为甜味的桃子酒增加了酸酸
的味道。

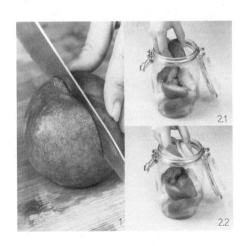

清亮透明的琥珀色酒液，果香与酒香协调，是一款枣味浓厚、酸甜适口的果酒。

枣子酒
Chinese Date Wine

🥣 **原料**（成品分量：500毫升）

干红枣120克，冰糖30克，糯米酒300毫升

🕐 准备时间：20分钟

🥚 酿制时间：7天

🍷 赏味期限：约12个月

🍶 **做法**

1. 将干红枣洗净，放入锅中蒸15分钟，盛出凉凉。

2. 准备一个500毫升的密闭瓶，放入蒸好的枣子和冰糖，倒入糯米酒。

3. 盖上保鲜膜，再盖上消毒过的棉布，用橡皮筋箍住。

4. 7天后即可饮用。

🥫 **酿制技巧**

枣子酒放置的时间越久越好喝。

深红色的色调，加上甜蜜的香气，车
厘子酒真是惹人喜爱！

美国车厘子酒
American Cherry Wine

🥣 **原料**（成品分量：1000毫升）

美国车厘子400克，冰糖80克，白酒1000毫升

🕐 准备时间：20分钟

🫙 酿制时间：7天

🍷 赏味期限：约12个月

📇 **做法**

1. 将美国车厘子洗净后擦干，去掉果柄，用刀切成两半。
2. 准备一个2000毫升的密闭瓶，放入美国车厘子和冰糖，倒入白酒。
3. 将瓶子加盖密封后放在阴凉处保存。
4. 2个月后用漏网勺过滤出美国车厘子，即可饮用果酒。

🫙**酿制技巧**

颜色美丽的车厘子酒可以用作鸡尾酒的基酒。

甘甜清香的荔枝，酿制成酒后营养价值更为突出，想要延缓衰老的你需要一杯荔枝酒。

🫙 荔枝酒
Lychee Wine

🥣 **原料**（成品分量：600毫升）

新鲜荔枝360克，冰糖90克，高粱酒
600毫升

🕐 准备时间：5分钟

🍶 酿制时间：3个月

🥂 赏味期限：约12个月

📠 **做法**

1. 荔枝去壳取果肉。
2. 准备一个1500毫升的密闭瓶，放入荔枝果肉和冰糖，倒入高粱酒。
3. 将瓶子加盖密封后放在阴凉处保存。
4. 3个月后捞出荔枝果肉，即可饮用果酒。

🫙 **酿制技巧**

一般应选用酒精度为35度以上的酒，以便将水果的香味萃取出来。

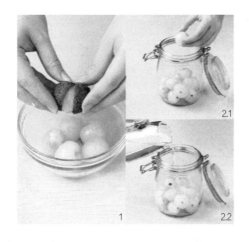

用新鲜龙眼酿制的酒可比用晒干了的
龙眼泡出来的甜多了。

 # 龙眼酒
Longan Wine

🥣 **原料**（成品分量：500毫升）

龙眼500克，柠檬2个，冰糖60
克，米酒500毫升

◎ 准备时间：10分钟

🍶 酿制时间：3个月

🍷 赏味期限：约12个月

🍲 **做法**

1. 龙眼剥去外壳和核，取下果肉。

2. 将柠檬洗净后擦干，切成圆片。

3. 准备一个1500毫升的密闭瓶，放入龙眼肉、柠檬和冰糖，
   倒入米酒。

4. 将瓶子加盖密封后放在阴凉处保存。

5. 3个月后开封，即可饮用果酒。

📗 **酿制技巧**

开封后可以将龙眼和柠檬过
滤掉，再密封保存。

澄清透亮的金黄色芒果酒，带着芒果的香甜味道，刺激着舌尖的味蕾。

芒果酒
Mango Wine

🥣 **原料**（成品分量：400毫升）

芒果300克，柠檬1个，冰糖90克，米酒400毫升

⏱ 准备时间：8分钟

🍶 酿制时间：3个月

🍷 赏味期限：约12个月

🍳 **做法**

1. 将芒果洗净后擦干，对半切开，去核，切花刀取出方块状果肉。

2. 将柠檬洗净后擦干，切成圆片。

3. 准备一个1000毫升的密闭瓶，放入芒果、柠檬和冰糖，倒入米酒。

4. 将瓶子加盖密封后放在阴凉处保存。

5. 3个月后开封，用细眼漏网勺过滤出渣滓，即可饮用果酒。

🥫 **酿制技巧**

切芒果时，注意要切成大方块，小的芒果碎就不要放在瓶中了，以免过滤不了，反而增加了成品酒中的沉淀物。

越酿越浓郁的橄榄酒，甚至会有回甘的感觉，是一款老少皆宜的果酒。

橄榄酒
Olive Wine

🥣 **原料**（成品分量：400毫升）

新鲜橄榄150克，40度米酒300
毫升

⏱ 准备时间：6分钟

🍶 酿制时间：12个月

🍷 赏味期限：约12个月

🫕 **做法**

1. 将橄榄去蒂，洗净后擦干，用小刀将每个橄榄外皮划 2~4
   道刀痕。
2. 准备一个 500 毫升的密闭瓶，放入橄榄，倒入米酒。
3. 将瓶子加盖密封后放在阴凉处保存。
4. 12 个月后即可饮用果酒。

🫙 **酿制技巧**

1. 浸泡的酒液一定要是40度
的酒。
2. 橄榄酒浸泡2年以上味道更
佳，颜色也更深。

很难想象味道清淡的鳄梨酿制出的酒会是什么口感，似有若无的香醇是其他水果所不能敌的。

鳄梨酒
Avocado Wine

原料（成品分量：500毫升）

鳄梨300克，冰糖125克，米酒500毫升

做法

1. 将鳄梨洗净后擦干，对半切开，取出鳄梨核，剥去鳄梨的外皮，将果肉切成厚片。
2. 准备一个1000毫升的密闭瓶，放入鳄梨果肉和冰糖，倒入米酒。
3. 将瓶子加盖密封后放在阴凉处保存。
4. 6个月后开封，即可饮用果酒。

⊙ 准备时间：6分钟

⟲ 酿制时间：6个月

⟡ 赏味期限：约12个月

酿制技巧

用来酿酒的鳄梨越成熟，酿出的酒就越香醇甘甜。

1.1 1.2 1.3

西瓜是夏季最受人们喜爱的消暑水果，
用西瓜酿酒，清凉解渴，美味无穷。

🫙 西瓜酒
Watermelon Wine

🥣 **原料**（成品分量：400毫升）

西瓜400克，白糖80克，白酒
400毫升

◎ 准备时间：5分钟

🫙 酿制时间：7天

🍷 赏味期限：约12个月

📋 **做法**

1. 将西瓜取出瓜肉，切成小块。

2. 准备一个1000毫升的密闭瓶，放入西瓜和白糖，倒入白酒。

3. 将瓶子加盖密封后放在阴凉处保存。

4. 7天后即可饮用。

🫙 **酿制技巧**

西瓜不宜选择过熟的，否则
很快便会泡烂，最后成品的
杂质也会较多。

哈密瓜独特的风味和清雅的酒香和谐共存，明亮澄清的琥珀色十分显眼，喝一口十分爽口。

哈密瓜酒
Cantaloupe Wine

🥣 **原料**（成品分量：500毫升）

哈密瓜300克，蜂蜜50克，白酒500毫升

⏱ 准备时间：10分钟

🫙 酿制时间：2个月

🍷 赏味期限：约12个月

📋 **做法**

1. 将哈密瓜洗净后擦干，去掉种子和皮，果肉切成大块。
2. 准备一个1000毫升的密闭瓶，放入哈密瓜和蜂蜜，倒入白酒。
3. 将瓶子加盖密封后放在阴凉处保存。
4. 2个月后捞出哈密瓜，即可饮用。

1.1

1.2

1.3

🥫 **酿制技巧**

1.酿制时加入蜂蜜能让酒的甜味变得醇厚。

2.兑柑橘系的果汁喝的话，能品味到甜味和酸味恰好协调的味道。

香瓜的水分与酒精相融，酿制成酒后，香瓜的甜味与淡淡的香气也一并融进了酒里。

 香瓜酒
Muskmelon Wine

🥣 **原料**（成品分量：500毫升）

香瓜500克，柠檬1个，冰糖125
克，米酒500毫升

⏲ 准备时间：8分钟

🍶 酿制时间：6个月

🍷 赏味期限：约12个月

🍲 **做法**

1. 将香瓜洗净后擦干，去掉种子和皮，果肉切成大块。
2. 将柠檬洗净后擦干，切成圆片。
3. 准备一个1500毫升的密闭瓶，放入香瓜、柠檬和冰糖，
   倒入米酒。
4. 将瓶子加盖密封后放在阴凉处保存。
5. 6个月后开封，即可饮用果酒。

🧊 **酿制技巧**

在酿制1年后再开封饮用，味
道会更醇厚。

木瓜酒酸涩、甘甜、醇和，非常爽口，每天饮用还可以消除疲劳。

木瓜酒
Papaya Wine

🥣 **原料**（成品分量：500毫升）

木瓜250克，白糖150克，高粱酒500毫升

🕐 准备时间：8分钟

🫙 酿制时间：4个月

⏳ 赏味期限：约12个月

📠 **做法**

1. 将木瓜去皮去核，切成块。
2. 准备一个1000毫升的密闭瓶，以一层木瓜一层白糖的方式放入密封瓶中，再倒入高粱酒。
3. 将瓶子加盖密封后放在阴凉处保存。
4. 4个月后捞出木瓜，即可饮用果酒。

🫙 **酿制技巧**

用酒精度数为50度的纯高粱酒酿造最好。

Chapter 4

鲜花酒·蔬菜酒，品尝意想不到的味道

花茶经常喝，鲜花酒却不常见，蔬菜酒更是少有听闻。至于茶酒和咖啡酒，单是从字眼来看，让人不得不怀疑，难不成是两种饮料混合而成？要想知道这些意想不到的酒的味道，那就自己动手来酿制吧！

散发着细腻的玫瑰花香，在宁静的午后浅酌一杯，享受这被花香包围的优雅时光。

玫瑰酒
Rose Wine

原料（成品分量：500毫升）

新鲜可食用玫瑰花瓣80克，冰糖40克，白酒500毫升

准备时间：10分钟

酿制时间：1个月

赏味期限：约12个月

做法

1. 将玫瑰花瓣洗净后擦干，去掉花萼和花蕊，一片一片铺开。
2. 准备一个750毫升的密闭瓶，放入玫瑰花瓣和冰糖，倒入白酒。
3. 将瓶子加盖密封后放在阴凉处保存。
4. 1个月后用漏网勺过滤出玫瑰花瓣，即可饮用果酒。

酿制技巧

1. 为保证食用安全，注意要购买市场上可食用的玫瑰花瓣。
2. 用干燥过的玫瑰花浸泡也能产生同样的香气和颜色。
3. 将玫瑰酒和红茶或咖啡混搭，香气会更浓郁。

在中国古代，晚辈会向长辈敬上桂花酒，而长辈喝下桂花酒则象征着能够延年益寿。

桂花酒
Osmanthus Wine

🥣 **原料**（成品分量：500毫升）

桂花100克，龙眼干100克，蜂蜜125克，米酒500毫升

⏲ 准备时间：5分钟

🫙 酿制时间：15天

🍷 赏味期限：约6个月

🍳 **做法**

1. 将龙眼干洗净后擦干，备用。
2. 准备一个 1000 毫升的密闭瓶，放入桂花、龙眼干、蜂蜜，倒入米酒。
3. 将瓶子加盖密封后放在阴凉处保存。
4. 15 天后即可饮用。

🫙 **酿制技巧**

1.桂花、龙眼干、蜂蜜的分量比例可以按自己的口味调整。

2.如果使用干桂花，则需浸泡更长时间才能让桂花的香味融入酒中。使用高度的清香型白酒，也有利于桂花香味的析出。

2.1

2.2

要想酿造桃花酒，没有三五年的酿酒经验很难成功，但我们可以泡桃花酒，味道虽不同，但却不失桃花香。

桃花酒
Peach blossom Wine

🥣 **原料**（成品分量：500毫升）

桃花200克，蜂蜜40克，冰片糖40克，
白酒500毫升

🕐 准备时间：15分钟

🫧 酿制时间：2个月

⏳ 赏味期限：1~3年

🍶 **做法**

1. 用纯净水浸泡桃花，除去杂质，沥干水分。

2. 把桃花放入大碗中，加上蜂蜜拌匀，盖上保鲜膜，在冰箱冷藏室静置24小时。

3. 把冰片糖、桃花放入750毫升的玻璃容器内，倒入白酒，密封容器。

4. 常温下静置2个月即可饮用。

🏺 **酿制技巧**

最好使用52度白酒来酿制，但不喜欢浓郁酒味的，可选择35度的白酒。需注意，基酒的度数越低，酿制出来的桃花酒的赏味期限则越短。

鲜红的洛神花酒，散发着高雅的香气，
是很适合女性饮用的一款果酒。

洛神花酒
Roselle Wine

🥣 **原料**（成品分量：400毫升）

干洛神花40克，20度米酒400毫升

⏱ 准备时间：6分钟

🍶 酿制时间：3个月

🍷 赏味期限：约12个月

📋 **做法**

1. 将干洛神花放入纯净水中清洗，擦干。

2. 准备一个1000毫升的密闭瓶，放入洛神花，倒入米酒。

3. 将瓶子加盖密封后放在阴凉处保存。

4. 3个月后捞出洛神花，即可饮用果酒。

🍶 **酿制技巧**

1.用新鲜的洛神花浸泡时，要用40度的酒液。

2.还有一种浸泡方式是将干燥的洛神花加入少量水煮沸，放凉后加入40度的米酒，这样出来的洛神花酒香气和色泽也很好。

肉桂和丁香强强联合，香气转移到酒液中，口感浓烈而独特。

肉桂香辛酒
Cinnamon Wine

🥣 **原料**（成品分量：400毫升）

肉桂棒3根，丁香5个，小豆蔻4个，白兰地400毫升

🕐 准备时间：5分钟

🍶 酿制时间：2个月

🍷 赏味期限：约12个月

🍳 **做法**

1. 准备一个500毫升的密闭瓶，将碗中的肉桂棒、丁香和小豆蔻放入瓶中，倒入白兰地。
2. 将瓶子加盖密封后放在阴凉处保存。
3. 2个月后打开容器，将酒倒入杯中饮用。

🍶 **酿制技巧**

1. 浸泡的酒用白酒、威士忌、白朗姆酒也可以。
2. 除了直接喝以外，兑牛奶喝的话口味更是绝妙。

1.1

1.2　　　　1.3

🫙 香草酒
Vanilla Wine

🥣 **原料**（成品分量：300毫升）

香草荚1根，白朗姆酒300毫升

⏱ 准备时间：2分钟

🫗 酿制时间：2个月

🍷 赏味期限：约12个月

🫕 **做法**

1. 准备一个500毫升的密闭瓶，放入整根香草荚，倒入白朗姆酒。

2. 将瓶子加盖密封后放在阴凉处保存。

3. 静置2个月后，即可打开容器，将酒倒入杯中饮用。

🫙 **酿制技巧**

1.用黑糖烧酒或者白酒浸泡也可以。

2.香草荚用于制作点心时要把种子抒出来，用于泡酒时整个放入酒中就可以。

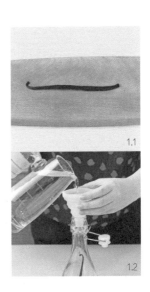

1.1

1.2

口腔中具有清凉感的甜味让人欲罢不能，这是很适合夏季的一款酒。

🫙 薄荷酒
Mint Wine

🥣 **原料**（成品分量：500毫升）

薄荷叶80克，冰糖100克，柠檬2～3片，
白朗姆酒500毫升

⏲ 准备时间：6分钟

🍋 酿制时间：2个月

🍷 赏味期限：约12个月

🍳 **做法**

1. 将薄荷叶洗净后擦干。

2. 准备一个1000毫升的密闭瓶，放入薄荷叶、柠檬片和冰糖，倒入白朗姆酒。

3. 将瓶子加盖密封后放在阴凉处保存。

4. 2个月后捞出薄荷叶和柠檬片，即可饮用果酒。

🫙 **酿制技巧**

在酿造时加两大杯薄荷利口酒，味道会更接近绿薄荷酒。

迷迭香酒

Rosemary Wine

🥣 **原料**（成品分量：400毫升）

迷迭香1根，白酒400毫升

⊙ 准备时间：8分钟

🍶 酿制时间：2个月

🍷 赏味期限：约12个月

📋 **做法**

1. 迷迭香剪成可放入玻璃瓶的长度，洗净，擦干。

2. 准备一个500毫升的密闭瓶，放入迷迭香，倒入白酒。

3. 将瓶子加盖密封后放在阴凉处保存。

4. 2个月后即可打开饮用。

📖 **酿制技巧**

迷迭香酒气味浓郁，酒中带有辛辣感。如果偏好甜味，则可以加入80克白砂糖进行调味。

药用价值极高的芦荟，泡成酒后也好处多多，睡前喝一小杯，让你整夜好梦。

芦荟酒
Aloe Wine

🥣 **原料**（成品分量：300毫升）

芦荟80克，精制白砂糖60克，
柠檬1个，白酒300毫升

⊙ 准备时间：8分钟

🫙 酿制时间：2个月

⏳ 赏味期限：约12个月

🍚 **做法**

1. 芦荟洗净，擦干，切成2厘米厚的段，片开取肉。

2. 柠檬洗净，擦干，切成2厘米厚的片。

3. 准备一个500毫升的密闭瓶，放入芦荟片、柠檬片和精
   制白砂糖，倒入白酒。

4. 将瓶子加盖密封后放在阴凉处保存。

5. 2个月后捞出芦荟和柠檬，即可饮用果酒。

🫙 **酿制技巧**

1. 每天喝10~20毫升的芦荟
酒可以治疗便秘。

2. 注意不要一次喝太多芦荟
酒，否则会引起腹泻。

3. 芦荟酒带有些许苦涩味，可
以兑柠檬果汁喝。

1.1

1.2

薄荷的清香和番茄的新鲜相加，缔造出与用其他水果酿造的酒截然不同的美味。

番茄酒
Tomato Wine

🥣 **原料**（成品分量：400毫升）

番茄300克，冰糖50克，伏特加400毫升，薄荷叶5克

⏰ 准备时间：6分钟

🍶 酿制时间：2个月

🍷 赏味期限：约12个月

📖 **做法**

1. 将番茄洗净后擦干，去蒂，对半切开。
2. 准备一个1000毫升的密闭瓶，放入番茄、薄荷叶和冰糖，倒入伏特加。
3. 将瓶子加盖密封后放在阴凉处保存。
4. 2个月打开盖子，用漏网勺过滤掉渣滓，即可饮用果酒。

📖 **酿制技巧**

1. 番茄中含有的番茄红素具有抗氧化作用，皮中的含量尤为丰富，因此在浸泡时不要将番茄去皮。
2. 夏季可以兑碳酸饮料或者加冰块喝，而加入番茄果汁的话，会变成更加浓厚的类似"血腥玛丽"的味道。

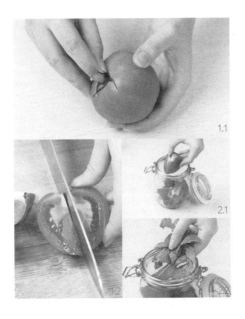

易感冒季节喝上一两杯，可预防感冒、扁桃体炎和咳嗽的发生。

苦瓜酒
Bitter Melon Wine

🥣 **原料**（成品分量：400毫升）

苦瓜250克，白酒400毫升

⏱ 准备时间：6分钟

🍶 酿制时间：2个月

⏳ 赏味期限：约12个月

🍶 **做法**

1. 将苦瓜洗净后擦干，对半切开，去瓤去子，切成 1~2 厘米厚的块状。
2. 准备一个 750 毫升的密闭瓶，放入苦瓜，倒入白酒。
3. 将瓶子加盖密封后放在阴凉处保存。
4. 2 个月后打开盖子，用漏网勺过滤掉渣滓，即可饮用。

1.1

1.2

2

📖 **酿制技巧**

1. 不喜欢太苦的，可以挑选颜色较浅的苦瓜。
2. 使用白苦瓜时，需浸泡至瓜皮出现粉状物脱落，才可开瓶饮用。

洋葱与红酒搭配出协调的味道，每天喝一小杯就能保护心脏。

洋葱红酒
Onion Wine

🥣 **原料**（成品分量：500毫升）

洋葱1个，红葡萄酒500毫升

⏱ 准备时间：8分钟

🍶 酿制时间：10天

⏳ 赏味期限：约12个月

📋 **做法**

1. 将洋葱洗净，剥去外皮，对半切开，再切成8瓣。

2. 准备一个750毫升的密闭瓶，放入洋葱瓣，倒入红葡萄酒。

3. 将瓶子加盖密封后放在阴凉处保存。

4. 10天后打开，过滤出洋葱渣，即可饮用。

📖 **酿制技巧**

1. 浸泡的酒液选用12度的红葡萄酒比较好。

2. 若是喜欢喝甜的，可以加些蜂蜜。

生姜酒
Ginger Wine

🥣 **原料**（成品分量：450毫升）

生姜100克，冰糖80克，白酒450毫升

🕐 准备时间：8分钟

⏱ 酿制时间：21天

🍷 赏味期限：约12个月

📋 **做法**

1. 将生姜洗净后擦干，带皮切成薄片。

2. 准备一个750毫升的密闭瓶，放入冰糖和生姜片，倒入白酒。

3. 将瓶子加盖密封后放在阴凉处保存。

4. 21天后打开容器，将酒倒入杯中，即可饮用。

📋 **酿制技巧**

1.在6个月后可以捞出酒中的生姜，如果想要享受生姜独特的辛辣味，则不要将生姜浸泡太久。

2.将生姜酒兑橙汁喝的话，味道会变得更加清爽。

每天喝一杯，赶走疲劳，恢复精神，这是一款有助于维持体力的健康酒。

红葱头酒
Shallot Wine

原料（成品分量：450毫升）

红葱头100克，冰糖50克，白酒450毫升

准备时间：4分钟

酿制时间：14天

赏味期限：约12个月

做法

1. 红葱头去皮，剥掉透明薄衣。

2. 准备一个 1000 毫升的密闭瓶，放入红葱头和冰糖，倒入白酒。

3. 将瓶子加盖密封后放在阴凉处保存。

4. 14 天后即可饮用。

5. 2 个月之后捞出大蒜。

酿制技巧

1.用韩国烧酒或者蒸馏酒浸泡也可以。

2.红葱头浸泡的时间越久，气味越淡。

大蒜混合酒
Mixed Garlic Wine

🥣 **原料**（成品分量：400毫升）

大蒜60克，生姜20克，柠檬1个，青紫苏8克，熟白芝麻35克，蜂蜜60克，白酒400毫升

⏰ 准备时间：20分钟

🫗 酿制时间：21天

🍷 赏味期限：约12个月

🍳 **做法**

1. 把去了皮的大蒜放在蒸锅中蒸大约5分钟。
2. 把洗净擦干的生姜，带皮切成薄片。
3. 柠檬洗净，擦干，将外皮和白色部分一起削掉，切成薄片。
4. 青紫苏洗净，仔细擦干。
5. 准备一个750毫升的密闭瓶，放入蒸熟的大蒜、生姜片、柠檬片和洗净擦干的青紫苏。
6. 加入芝麻和蜂蜜，倒入白酒，加盖密封后放在阴凉处保存。
7. 21天后就可以将果酒倒入杯中饮用。

🍶 **酿制技巧**

将酒酿静置2个月以上就能成熟了，此时可用细眼漏网勺过滤掉残渣，以保证酒的洁净。

作为一款保健酒，黑豆酒可以延缓皮肤衰老，淡化皱纹，减少色素在皮肤上的沉积。

🏺 黑豆酒
Black Bean Wine

🥣 **原料**（成品分量：500毫升）

黑豆150克，40度米酒500毫升

⏱ 准备时间：15分钟

🫙 酿制时间：3个月

🍷 赏味期限：约12个月

🍶 **做法**

1. 将黑豆洗净沥干，放在不加油和水的干锅中炒至裂开。

2. 准备一个750毫升的密闭瓶，放入刚炒制好的黑豆，倒入米酒。

3. 将瓶子加盖密封后放在阴凉处保存。

4. 3个月后用细眼漏网勺过滤出黑豆，即可饮用酒液。

📦 **酿制技巧**

1. 黑豆一定要先炒至裂开，去除含有的皂素后才能泡酒。

2. 酿制时间在3～6个月时，味道最佳。

牛蒡酒
Burdock Wine

🥣 **原料**（成品分量：600毫升）

牛蒡100克，40度米酒600毫升

⏱ 准备时间：12分钟

🫙 酿制时间：3个月

🍷 赏味期限：约12个月

📋 **做法**

1. 将牛蒡表皮清洗干净，带皮切成片，在干锅中从小火炒干水分。
2. 准备一个1000毫升的密闭瓶，放入炒好的牛蒡片，倒入米酒。
3. 将瓶子加盖密封后放在阴凉处保存。
4. 3个月后用漏网勺过滤出牛蒡片，即可饮用果酒。

🥫 **酿制技巧**

1. 牛蒡可以单独浸泡，也可以加红枣、枸杞等中药一起浸泡，能增强其保健效果。
2. 酿制时间在3~6个月时，味道最佳。

枸杞酒
Medlar Wine

原料（成品分量：450毫升）

枸杞50克，精制白砂糖50克，
白酒450毫升

准备时间：4分钟

酿制时间：2个月

赏味期限：约12个月

做法

1. 枸杞洗净后擦干。
2. 准备一个750毫升的密闭瓶，放入枸杞和精制白砂糖，倒入白酒。
3. 将瓶子加盖密封后放在阴凉处保存。
4. 2个月后用细眼漏网勺过滤出枸杞，即可饮用果酒。

酿制技巧

1. 除了兑水喝和加冰块之外，兑果汁也很好喝。
2. 颜色鲜亮的枸杞酒可以用来调制鸡尾酒，使颜色更绚丽。

人参酒
Ginseng Wine

🥣 **原料**（成品分量：600毫升）

人参50克，40度米酒600毫升

📖 准备时间：6分钟

🫙 酿制时间：3个月

🍷 赏味期限：约12个月

🍲 **做法**

1. 将人参和人参须洗净晾干，长的人参须可以切成小段。

2. 准备一个1000毫升的密闭瓶，放入人参，倒入米酒。

3. 将瓶子加盖密封后放在阴凉处保存。

4. 2个月后用细眼漏网勺过滤出渣滓，即可饮用酒液。

🫙 **酿制技巧**

也可以在浸泡时加入枸杞等中药，提升人参酒的保健作用。

茶香和酒香相互融和，酒色深美、茶味浓郁的茶酒具有其他果酒所不能比的独特风味。

茶酒
Tea Wine

🥣 **原料**（成品分量：400毫升）

烘焙后的茶叶6克，20度米酒400
毫升

🕐 **准备时间**：5分钟

🫙 **酿制时间**：10天

🍷 **赏味期限**：约12个月

🍲 **做法**

1. 准备一个 500 毫升的密闭瓶，放入茶叶，倒入米酒。

2. 将瓶子加盖密封后放在室内保存，每天摇动 1 次。

3. 7 天后，用细眼漏网勺过滤出茶叶。

4. 10 天后即可饮用。

📃 **酿制技巧**

1.若是不喜欢苦涩的味道，可以在酿制第7天的时候，往瓶中加一些冰糖。

2.茶酒的香气和用来酿制的酒液有很大的关系，也可以用蜂蜜酒和葡萄酒来浸泡。

3.用重焙火的茶叶浸泡味道会更好，如红茶、乌龙茶、铁观音等。

4.不同品种的茶叶泡出来的酒液颜色也不一样。

咖啡豆加上白酒，简单的材料组合出不简单的味道，喝过一次就会着迷！

咖啡酒
Coffee Wine

🥣 **原料**（成品分量：400毫升）

焙煎咖啡豆30克，精制白砂糖35克，
白酒400毫升

🕐 准备时间：2分钟

🍶 酿制时间：21天

🍷 赏味期限：约12个月

📋 **做法**

1. 准备一个500毫升的密闭瓶，加入咖啡豆和精制白砂糖，倒入白酒。
2. 将瓶子加盖密封后放在阴凉处保存。
3. 静置21天后，咖啡的香味和颜色析出，用细眼漏网勺过滤酒液。
4. 将过滤后的酒液倒入另外的容器中保存，此时即可饮用了。

1.2   1.3

🍶 **酿制技巧**

1.不喜欢喝甜酒的人浸泡时可以去掉砂糖。

2.使用的咖啡豆是焙煎完成前一个阶段的咖啡豆。